技工院校服务机器人应用与维护专业（中/高级技能层级）

# Python
# 程序设计基础

## 习题册

主 编 李 熊

中国劳动社会保障出版社

## 简介

本习题册是技工院校服务机器人应用与维护专业教材（中 / 高级技能层级）《Python 程序设计基础》的配套用书。习题册按照教材章节编排，内容紧扣教材的教学要求，注重基础知识的巩固和基本能力的培养，知识点分布均衡，题型丰富，难易适当，有助于学生复习巩固所学知识。

本习题册由李熊任主编，李瑛任副主编，郭铠能、钱文坤、曾坚锋、李华春、赵春雷、温小琼参加编写。

**图书在版编目（CIP）数据**

Python 程序设计基础习题册 / 李熊主编 . -- 北京 : 中国劳动社会保障出版社，2024
技工院校服务机器人应用与维护专业 . 中 / 高级技能层级
ISBN 978-7-5167-6427-5

Ⅰ. ①P… Ⅱ. ①李… Ⅲ. ①软件工具 - 程序设计 - 技工学校 - 习题集
Ⅳ. ①TP311.561-44

中国国家版本馆 CIP 数据核字（2024）第 072752 号

**中国劳动社会保障出版社出版发行**

（北京市惠新东街 1 号　邮政编码：100029）

*

保定市中画美凯印刷有限公司印刷装订　　新华书店经销

787 毫米 ×1092 毫米　16 开本　6.25 印张　127 千字

2024 年 5 月第 1 版　　2024 年 5 月第 1 次印刷

**定价：13.00 元**

营销中心电话：400-606-6496

出版社网址：http://www.class.com.cn

http://jg.class.com.cn

# 目录

Contents

# Python 基础知识及环境搭建

## 一、填空题（将正确的答案填写在横线上）

1. Python 是一种______型的编程语言。
2. 机器语言使用__________代码表示。
3. 编程语言分为__________、__________、__________。
4. Python 具有相对较少的__________和明确定义的语法。
5. Python 的缺点有____________________、____________________等。

## 二、判断题（正确的在括号内打“√”，错误的打“×”）

1. Python 的运行效率较高。（　　）
2. Python 是一种静态类型语言，需要提前声明变量的类型。（　　）
3. Python 作为目前被广泛应用的编程语言，具有语法结构简单、开源、可拓展性强的特点。（　　）
4. Python 无法和其他语言的各种模块结合在一起。（　　）
5. Python 源码可以脱离开发环境运行。（　　）

## 三、名词解释

1. 机器语言

2. 汇编语言

## 四、简答题

1. 解释 Python 的可读性和简洁性的具体含义。

2. 简述编译型语言和解释型语言的区别。

3. Python 作为目前被广泛应用的编程语言，其主要特点有哪些？

## 五、综合应用题

简述 Python 运行速度慢的原因。

# 任务 2　安装与配置 Python 开发环境

## 一、填空题（将正确的答案填写在横线上）

1. 安装 Python 推荐使用__________管理工具。

2. __________和________________是两种不同的开发工具。

3. 在 Windows 系统中安装完成 Python 后，通过____________________指令可在系统命令提示符窗口直接安装第三方库 Numpy。

4. 在安装 Python 时，若需要修改安装路径，应选择__________安装方式。

5. 在 Python 中，除了可通过在线安装第三方库，还可通过__________方式安装第三方库。

## 二、判断题（正确的在括号内打“√”，错误的打“×”）

1. Python 是一种编译型语言。（ ）
2. IDLE 是 Python 官方自带的集成开发环境。（ ）
3. Python 只能在 Windows 和 Linux 系统中安装。（ ）
4. 使用 pip 可以安装 Python 包，但无法卸载它们。（ ）
5. 在 Python 中，使用第三方库需要提前安装。（ ）

## 三、名词解释

1. 代码编辑器

2. 集成开发环境

## 四、简答题

1. IDE 和代码编辑器的区别是什么？

2. 如何使用 pip 安装一个 Python 包？

3. 简述 IDE 的优点和缺点。

## 五、综合应用题

1. 列举 Python 安装成功的检查方法。

2. 为什么在安装 Python 时，需要勾选“Add Python × × to PATH”选项？

# 任务 3 安装与使用代码编辑器（VS Code）

## 一、填空题（将正确的答案填写在横线上）

1. 在 Windows 中，可以从官方网站下载 VS Code 的安装程序，该安装程序通常是一个后缀为____________的可执行文件。

2. VS Code 支持丰富的扩展生态系统，可以通过____________安装扩展来增强其功能。

3. VS Code 的代码编辑器支持多种编程语言，其中一个功能强大的插件是“Python”，它提供了 Python 代码的____________和____________功能。

4. VS Code 支持具有____________、____________、____________等功能的插件。

5. 当 VS Code 安装完成后，需对其进行____________。

## 二、判断题（正确的在括号内打“√”，错误的打“×”）

1. VS Code 是一款免费开源的集成开发环境。 （ ）

2. VS Code 不支持扩展功能，只能使用其自带的功能。 （ ）

3. VS Code 只能在 Windows 操作系统中运行。 （ ）

4. VS Code 的集成终端允许在编辑器中运行 Python 脚本。 （ ）

5. VS Code 仅支持下载“.exe”后缀的可执行文件进行安装。 （ ）

## 三、名词解释

VS Code 配置环境

## 四、简答题

1. 简述 VS Code 的特点。

2. 如何在 VS Code 中安装扩展（Extensions）？

3. 列举三个常用的 Python 集成开发环境（IDE）。

## 五、综合应用题

1. 在 Windows 系统中和在 Linux 系统中安装 VS Code 有哪些差异？

2. 目前 Python 主流的轻量化的 IDE 有哪些？至少列举 3 个。

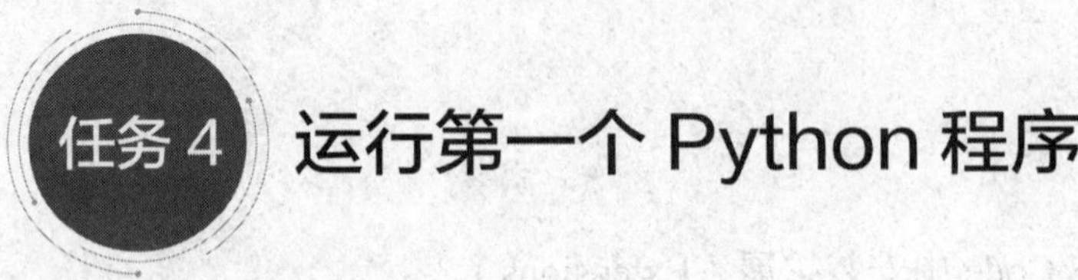

## 任务 4 运行第一个 Python 程序

### 一、填空题（将正确的答案填写在横线上）

1. Python 的文件扩展名通常是__________。
2. 良好的编程习惯能够提高__________，以及提高编写程序的__________。
3. Python 标识符由__________、__________、__________组成。
4. __________用来向用户提示或解释某些代码的作用和功能。
5. Python 有两种主要的编程方式，分别是__________和__________。

### 二、判断题（正确的在括号内打“√”，错误的打“×”）

1. Python 标识符可以和 Python 中的保留字相同。 （ ）
2. Python 不允许使用汉字作为标识符。 （ ）
3. 在 Python 中，以下画线作为开头的标识符不具有特殊含义。 （ ）
4. Python 程序必须保存在扩展名为“.py”的文件中。 （ ）
5. 在交互式编程方式下，程序不会对每条输入语句进行即时运行。 （ ）

### 三、名词解释

1. Python 解释器

2. Python 标识符

## 四、简答题

1. 如何在 Python 中声明一个变量？

2. 简述 Python 中代码缩进的重要性。

3. 简述 Python 的两种主要编程方式的差异。

## 五、综合应用题

1. 如何在 Python 中运行一个脚本文件？

2. 如何在 Python 中输出文本到屏幕？

# 项目二 基本数据类型

## 任务1 Python 变量的定义和使用

### 一、填空题（将正确的答案填写在横线上）

1. Python 中的变量用于存储__________。
2. 变量不需要声明，但每个变量在使用前都必须先__________才会被创建。
3. 字符串可以使用英文状态下的__________或__________创建。
4. Python 3 中允许使用__________作为数字的分隔符。
5. 变量名区分大小写，因此 myVariable 和 myvariable 是__________的变量。

### 二、判断题（正确的在括号内打“√”，错误的打“×”）

1. 变量的类型一旦确定，不能更改。（　　）
2. 变量名可以包含空格。（　　）
3. 变量名应尽量短，以节省内存空间。（　　）
4. float 为浮点数类型。（　　）

### 三、名词解释

变量

## 四、简答题

1. 简述 Python 中变量存在的意义。

2. 简述变量与常量的区别。

3. 为什么变量名区分大小写很重要?

## 五、综合应用题

1. 编写一个 Python 程序，要求定义两个变量 a 和 b，分别赋值为 5 和 10；计算 a 和 b 的和，并将结果存储在变量 sum_ab 中，输出 sum_ab 的值。

2. 编写一个 Python 程序，要求定义两个变量 x 和 y，分别赋值为 7 和 13；交换 x 和 y 的值，使得 x 存储原来 y 的值，y 存储原来 x 的值，输出交换后的 x 和 y 的值。

## 任务 2　Python 基本输入和输出的使用

### 一、填空题（将正确的答案填写在横线上）

1. 使用 Python 内置函数__________接收用户的输入。
2. 使用 print 函数将数据输出到__________或__________。
3. __________和__________是程序的基本要素。
4. Python 程序通常可以使用__________________、______________________、__________________、______________________方式实现交互功能。

### 二、判断题（正确的在括号内打“√”，错误的打“×”）

1. 使用 input 函数接收用户输入时，得到的值总是整数类型。（　　）
2. print 函数只能输出文本，不能输出数字。（　　）
3. input 函数返回的值是字符串类型。（　　）
4. print 函数可以一次输出多个值，用逗号隔开。（　　）
5. print 函数的默认输出目标是控制台。（　　）

## 三、名词解释

交互功能

## 四、简答题

1. 如何使用 input 函数接收用户输入？提供一个示例。

2. 如何使用 print 函数进行输出？提供一个示例。

3. Python 的输入和输出分别是指什么？

## 五、综合应用题

1. 编写一个 Python 程序，要求使用 input 函数从用户处获取两个整数输入，并使用 print 函数输出这两个整数的和。

2. 编写一个 Python 程序，要求使用 input 函数从用户处获取一个字符串输入，并使用 print 函数输出该字符串的长度。

# 任务 3 Python 字符串常用方法的使用

## 一、填空题（将正确的答案填写在横线上）

1. 字符串拼接可以使用加号“+”来实现，例如：'aa'+'bb'=__________。

2. 使用__________方法可以将字符串分割成一个列表，以空格为默认分隔符。

3. 使用__________方法可以在字符串中查找子字符串并返回其位置，如果未找到，则返回 –1。

4. 字符串合并可以使用 join 方法来实现，例如：list=［'a', 'b', 'c'］，str=', 'join(list)=__________。

## 二、判断题（正确的在括号内打“√”，错误的打“×”）

1. 使用加号拼接字符串时，如果左右两边都是数字，则会发生数学加法运算。（　　）

2. 字符串的索引从 0 开始计数，最后一个字符的索引为 –1。（　　）

3. split 方法可以指定分隔符来拆分字符串，不局限于空格。（　　）

4. Python 中的字符串是可变的，因此，可以通过修改索引处的字符来改变字符串的内容。（　　）

## 三、名词解释

1. 字符串方法

2. 字符串拼接

## 四、简答题

1. 为什么在分割字符串时使用 split 方法而不使用其他方法？

2. 简述字符串的格式化方法及其应用场合。

## 五、综合应用题

1. 编写一个 Python 程序，将用户输入的两个字符串进行拼接并输出结果。

2. 给定一个字符串，要求实现以下功能。

- 从字符串中截取长度为 5 的子串。
- 将截取后的子串按指定分隔符（如逗号）进行分割。
- 统计分割后的子串中字母和数字的数量。

示例：给定字符串“abcdefghijklmnop”，要求输出如下。

csharp 子串：[ abcde, fghi, jklm, nop ]。

字母数量：10。

数字数量：0。

# 项目三 表达式与运算符

## 运算符综合应用

### 一、填空题（将正确的答案填写在横线上）

1. 使用________运算符可以计算两个数的整数除法。
2. 在 Python 中，________运算符用于计算一个数的乘方。
3. 使用________运算符可以判断两个值是否相等。
4. 若要将变量 x 的值增加 10，可以使用 x=x+________。
5. ____________运算符用来把右侧的值传递给左侧的变量（或者常量）。

### 二、判断题（正确的在括号内打“√”，错误的打“×”）

1. “!=”是用于检查两个值是否相等的运算符。（　　）
2. 逻辑运算符“and”表示只有在所有条件都为真时，整个表达式才为真。（　　）
3. 位运算符“<<”用于左移操作，即将用二进制表示的数向左移动指定的位数。（　　）
4. 赋值运算符“=”可以用于比较两个值是否相等。（　　）
5. 如果 x=5，则表达式 x>3 and x<10 的值为假。（　　）

### 三、名词解释

1. 逻辑运算符

2. 位运算符

## 四、简答题

1. 简述 and、or 和 not 三个逻辑运算符的使用场景。

2. 简述位运算符“>>”的作用。

3. 简述复合赋值运算符“+=”的作用。

## 五、综合应用题

1. 交换两个变量的值：给定两个变量 a 和 b，要求使用“+=”运算符交换它们的值。

示例如下。

交换前：a=5，b=10。

交换后：a=10，b=5。

2. 编写一个程序，要求使用复合赋值运算符“+=”实现从用户输入中读取两个整数，将它们相加并将结果输出的功能。

# 项目四
# 组合数据类型

## 一、填空题（将正确的答案填写在横线上）

1. 在 Python 中，序列类型包括________、________、________、________、________、________。

2. 集合和__________两种序列类型不支持索引、切片、相加、相乘操作。

3. 序列切片的作用是___________________。

4. 在 Python 中，in 关键字的作用是_________________________。

5. 列举 3 种和序列相关的内置函数：__________、__________、__________。

## 二、判断题（正确的在括号内打“√”，错误的打“×”）

1. 列表、元组、字典支持索引、切片、相加、相乘操作。（　　）

2. 列表中的元素可以通过负数索引来访问，表示从列表末尾开始计数。（　　）

3. 使用 len 函数可以获取序列的长度，包括列表、元组和字符串。（　　）

## 三、名词解释

1. 序列

2. 切片

## 四、简答题

1. 如何访问序列中的元素？

2. 在 Python 中如何使用切片操作？

3. 简述内置函数 sum 和 sorted 的作用。

## 五、综合应用题

1. 已知字符串 1“python”和字符串 2“编程语言”，利用序列相加、相乘等操作打印字符串。

2. 已知字符串“python”，利用切片操作提取第二个字符到第五个字符，并检查元素“p”是否包含在提取出来的序列中。

## 任务 2 列表的使用

### 一、填空题（将正确的答案填写在横线上）

1. 列表是一种__________的数据类型，用于存储一系列相关的元素。

2. 列表中的元素可以是不同的数据类型，包括整数、小数、字符串、列表、__________等任何类型的数据。

3. 若要在列表末尾添加一个元素，通常可以使用__________方法。

4. 在 Python 中，可以使用中括号“[ ]”直接创建列表，也可以使用__________函数创建列表。

### 二、判断题（正确的在括号内打“√”，错误的打“×”）

1. 列表中的元素必须是相同的数据类型。（ ）
2. 列表的长度可以在程序运行时动态变化。（ ）
3. 列表的索引是从 1 开始的。（ ）
4. pop 方法用于在列表的末尾添加一个元素。（ ）

### 三、名词解释

Del 关键字

## 四、简答题

1. 访问列表元素有哪几种方式?

2. 简述 extend 方法和 append 方法的区别。

3. 按照不同的使用场景，可以将 Python 列表中删除的元素分为哪几类？它们分别使用哪种方法实现其功能？

## 五、综合应用题

1. 创建一个包含元素“HELLO”的列表并打印；在原有列表的基础上添加元素“WORLD”并打印；在上一步的基础上提取列表中的两个元素，将其合并并添加至第三个元素。

2. 创建一个整数列表，列表中有 10 个元素，分别是 2 的 1 次幂至 2 的 10 次幂。

# 元组的使用

## 一、填空题（将正确的答案填写在横线上）

1. 元组是一种__________的数据类型，用于存储有序的元素序列。
2. 元组中的元素可以是不同的__________。
3. 元组的元素可以通过__________和__________访问。
4. 若要创建只包含一个元素的元组，需要在元素后面加上__________。

## 二、判断题（正确的在括号内打“√”，错误的打“×”）

1. 元组中的元素可以被修改。 （ ）
2. 元组可以包含可变类型的元素。 （ ）
3. 创建空元组的语法是 empty_tuple=( )。 （ ）
4. 元组可以使用 append 方法添加新的元素。 （ ）

## 三、名词解释

不可变性

## 四、简答题

1. 简述元组与列表的主要区别。

2. Python 中创建元组的方法有哪几种？

3. 如何在元组中进行切片操作？

## 五、综合应用题

1. 给定一个元组 tup1=(3, 1, 2, 4, 5, 6)，要求将其中的偶数元素提取出来，返回一个新的元组 tup2。

2. 创建一个名为“学生”的元组，其中包含学生的姓名、年龄、性别和成绩等信息；向“学生”元组中添加新的学生信息，包括姓名、年龄、性别和成绩等；遍历“学生”元组，输出每个学生的姓名、年龄、性别和成绩；根据指定的姓名，访问并输出对应学生的成绩。

# 任务 4 字典的使用

## 一、填空题（将正确的答案填写在横线上）

1. 字典中通过键来访问对应的值，这个过程称为 __________。
2. 在字典中，可以使用 _______ 方法获取指定键对应的值。
3. 使用 _______ 方法可以删除字典中指定键的键值对。
4. 字典中的键必须是 __________ 类型的数据。

## 二、判断题（正确的在括号内打“√”，错误的打“×”）

1. 字典中的键是有序排列的。 （ ）
2. 字典的值可以是任何类型的数据。 （ ）
3. 在字典中，同一个键可以对应多个不同的值。 （ ）

## 三、名词解释

1. 字典

2. 键和值

## 四、简答题

1. 简述字典的特点。

2. 如何判断字典中是否包含某个键?

3. 简述字典中 fromkeys 方法的作用。

## 五、综合应用题

1. 创建一个字典，存储三名学生的姓名和成绩；输出每名学生的姓名和成绩；向字典中添加一名新学生；修改一名学生的成绩；输出修改后每名学生的信息。

2. 假如你被委托管理一个大型图书馆，这个图书馆中的每本书都有自己的编号、书名、作者以及借阅状态，借阅状态可能为“在库”“已借出”或“损坏”。需要完成以下任务。

- 建立基础数据：用字典结构为图书馆中的三本书建立数据。
- 显示所有书籍信息：编写一个函数，显示图书馆中所有书籍的编号、书名、作者和借阅状态。
- 添加新书：当有新书加入时，需要在图书馆的字典中添加这本书的信息。
- 更改借阅状态：编写一个函数，允许更改指定书籍的借阅状态。
- 删除书籍：编写一个函数，根据提供的书籍编号，从图书馆中删除这本书。
- 验证删除：在删除书籍后，需要确保该书籍编号不在图书馆的字典中。
- 显示最新书籍信息：编写一个函数，显示图书馆中更改后所有书籍的编号、书名、作者和借阅状态。

# 任务 5 集合的使用

## 一、填空题（将正确的答案填写在横线上）

1. 集合中的元素是__________。
2. 使用__________方法可以向集合中添加元素。
3. 集合无法存储__________、字典、集合这些可变的数据类型。
4. 使用__________方法可以从集合中移除指定的元素。

## 二、判断题（正确的在括号内打“√”，错误的打“×”）

1. 集合中的元素可以重复。（ ）
2. 集合是有序排列的。（ ）
3. 使用 discard 方法移除集合中的元素时，如果元素不存在，不会引发错误。（ ）
4. 集合可以包含其他集合。（ ）
5. 集合中的元素必须是可变的。（ ）

## 三、名词解释

1. 集合

2. 交集

## 四、简答题

1. 简述集合和列表的区别。

2. 集合的创建方法有哪几种？

## 五、综合应用题

1. 创建一个集合 A，其中包含数字 1、2、3、4、5；向集合 A 中添加元素 6；从集合 A 中删除元素 4；找出集合 A 与集合［2, 3, 5, 6］的交集；计算集合 A 与集合［2, 3, 5, 6］的并集。

2. 某班级有 50 名学生，其中男生 25 名，女生 25 名。现在进行一次考试，按成绩将学生进行归类，并输出结果。具体要求如下。

- 创建集合 A 和集合 B，成绩及格的学生被归入集合 A（假设及格分数为 60 分），其余学生被归入集合 B。
- 创建集合 C 和集合 D，将成绩及格的学生分为优秀和良好两个等级（假设优秀分数为 80 分及以上，良好分数为 70 ~ 79 分），成绩优秀的学生归入集合 C，成绩良好的学生归入集合 D。
- 计算集合 C 和集合 D 的对称差集，找出两个小组都不包括的学生。

# 项目五 Python 流程控制

## 任务1 使用 if...else 语句实现模拟用户登录

### 一、填空题（将正确的答案填写在横线上）

1. 用户输入的用户名和密码可以通过__________语句获取。

2. 在模拟用户登录时，通常会使用__________结构进行条件判断。

3. Python 提供了两种强制离开当前循环体的方法，分别是 continue 语句和________________。

4. 在模拟用户登录时，密码的比对可以使用__________运算符。

5. 在模拟用户登录时，可以通过使用__________数据类型保存用户名和密码，通过键值对将用户名和密码一一对应。

6. 如果希望在累加过程中跳过某些特定值，可以使用 if 语句结合__________语句实现条件判断。

7. 要退出循环，可以使用 break 语句，通常在满足某个条件时执行，例如：

```
if________ :
    break
```

### 二、判断题（正确的在括号内打“√”，错误的打“×”）

1. 在模拟用户登录时，if...else 结构用于处理用户名和密码的验证。（　　）

2. end=' ' 在 print 函数中的作用是换行输出。（　　）

3. 用户成功登录后，可以输出欢迎消息，但这不是 if...else 结构的一部分。（　　）

4. continue 语句的作用是终止当前循环，直接跳到下一次循环的判断条件。（　　）

## 三、名词解释

1. if...else 语句

2. pass 语句

## 四、简答题

1. 简述模拟用户登录的基本流程。

2. 简述 assert 语句的作用。

## 五、综合应用题

1. 小明和小华一起去超市购物。小明想买苹果、香蕉和牛奶，小华想买橙子、可乐和面包。编写一个程序，根据他们所购物品的数量计算总价，并根据总价给出不同的提示。具体要求如下。

- 如果总价超过 100 元，输出“您的总价超过了 100 元，请注意控制花费”。
- 如果总价为 50 ~ 100 元，输出“您的总价在 50 ~ 100 元，购物比较经济”。
- 如果总价为 0 ~ 50 元，输出“您的总价在 0 ~ 50 元，购物比较节约”。
- 如果总价为 0 元，输出“您的购物车是空的，请添加一些商品”。

小明和小华所购物品的单价如下。

苹果：6 元 / 个，香蕉：4 元 / 个，牛奶：8 元 / 瓶，橙子：5 元 / 个，可乐：3 元 / 瓶，面包：10 元 / 个。

现假设小明和小华分别购买了以下数量的商品。

小明：苹果 2 个，香蕉 1 个，牛奶 2 瓶。小华：橙子 3 个，可乐 2 瓶，面包 1 个。

根据上述要求编写程序并输出结果。

2. 一家旅行社推出了三条不同价格和特色的旅游线路。

- 线路 A：价格为 3 000 元，特色是参观著名景点和享受当地美食。
- 线路 B：价格为 2 500 元，特色是体验当地文化和与当地人交流。
- 线路 C：价格为 2 000 元，特色是自由行和探险。

旅行社要求根据游客的需求，选择最合适的旅游线路，并给出相应的理由。

假设游客的需求如下。

➢ 如果游客想要参观著名景点和享受当地美食，选择线路 A。

➢ 如果游客想要体验当地文化和与当地人交流，选择线路 B。

➢ 如果游客想要自由行和探险，选择线路 C。

➢ 如果游客想要参观著名景点、享受当地美食、体验当地文化和与当地人交流，选择线路 A 或线路 B。

➢ 如果游客对价格比较敏感，选择价格最便宜的线路 C。

➢ 如果游客不确定自己的需求，选择线路 B 或线路 C。

根据以上需求编写一个程序，根据游客的需求输出相应的旅游线路和理由。

# 任务 2 使用 while 循环语句实现数值的累加

## 一、填空题（将正确的答案填写在横线上）

1. 利用 while 循环语句实现对数值的累加，需要初始化一个累加变量，并在循环中使用__________语句更新这个变量。

2. 为了确保循环能够正常终止，可以使用一个计数器，当计数器达到一定值时，使用__________语句退出循环。

3. 循环的一个关键组成部分是循环条件，通常写作如下格式 。

while__________ :

## 二、判断题（正确的在括号内打“√”，错误的打“×”）

1. 使用 while 循环时，循环体内的代码至少会执行一次。（ ）
2. 在循环中使用 break 语句会跳出整个程序。（ ）
3. 循环的终止条件可以是任意的表达式，只要返回布尔值。（ ）
4. while 循环可以用于遍历列表中的所有元素。（ ）

## 三、名词解释

1. while 循环

2. 循环条件

## 四、简答题

1. 简述在使用 while 循环时，循环条件的作用。

2. 如何防止 while 循环成为无限循环？

3. 简述 while 循环语句和 if...else 语句的区别。

## 五、综合应用题

1. 输入一个正整数 n，使用 while 循环计算并输出 1 到 n 之间所有整数的和。具体要求如下。

- 使用 while 循环实现。
- 输入的 n 为正整数。
- 输出结果为 1 到 n 之间所有整数的和。

2. 设计一个程序，要求用户输入一个正整数 n，计算并输出 1 到 n 之间所有整数的总和。如果 n 是偶数，程序还应输出 n 除以 2 的商和余数。具体要求如下。

- 使用 while 循环实现。
- 输入的 n 为正整数。
- 输出结果包括 1 到 n 之间所有整数的总和，以及 n 除以 2 的商和余数（如果 n 是偶数）。

# 使用 for 循环语句实现列表的生成

## 一、填空题（将正确的答案填写在横线上）

1. for 语句用于__________可迭代对象集合中的元素。
2. 代码块是指具有__________缩进格式的多行代码。
3. 列表生成式是 Python__________的一种强大的生成列表的表达式。
4. 在 Python 中一边循环一边计算的机制，称为________________。
5. 由于生成器是一种__________，它并不会在一开始就生成所有数据，而是按需逐步生成。

## 二、判断题（正确的在括号内打“√”，错误的打“×”）

1. 当集合中的所有元素完成迭代后，控制传递给 for 之后的下一个语句。（　　）

2. 列表元素不需要一下子全部生成，而是按照某种算法逐步推算出来。 (　　)

3. 因为在程序循环的过程中，需要不断地推算出后续的元素，所以必须要创建完整的列表。 (　　)

4. 使用列表生成式的代码比普通方法的代码编程效率更高。 (　　)

## 三、名词解释

1. listname

2. f(var)

## 四、简答题

1. 列表生成式的语法格式是什么？

2. 列表生成器的语法格式中，var 和 if condition 的含义是什么？

3. 除了使用遍历来查看 a 的值外，如何使用 next 来查看 a 的值？

## 五、综合应用题

编写一个程序，要求用户输入一个字符串，并统计其中每个字符出现的次数。输出结果应包括每个字符的 ASCII 码值、字符本身和出现次数。

具体要求如下。

- 使用 for 循环遍历字符串中的每个字符。
- 使用字典存储每个字符及其出现次数。
- 输出结果应按照 ASCII 码值从小到大排序。

# 项目六 函数和 lambda 表达式

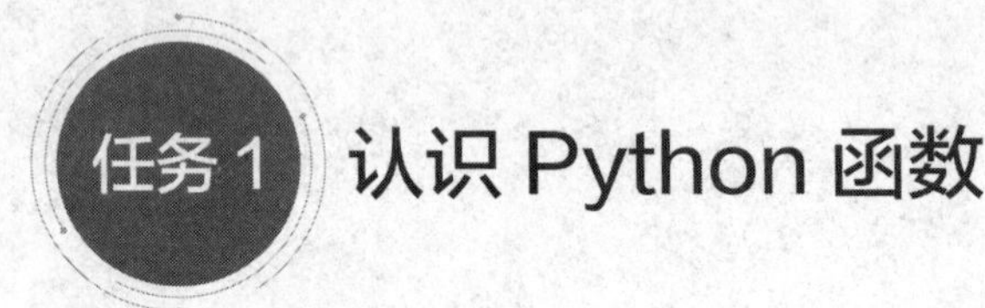


## 一、填空题（将正确的答案填写在横线上）

1. 在 Python 中，函数的定义需要使用关键字__________。

2. 在 Python 中，函数参数的传递方式根据实参类型的不同，可以分为值传递和______________。

3. 当实参类型为不可变对象（如整数、字符串、元组等）时，函数参数的传递方式是__________。

4. 在 Python 中，特殊的常量 None（N 必须大写）表示__________。

5. None 的数据类型是__________。

## 二、判断题（正确的在括号内打"√"，错误的打"×"）

1. 在 Python 中，函数定义时可以没有参数，但调用函数时必须提供所有参数。（　　）

2. 在 Python 中，对于不可变对象（如整数、字符串、元组等），函数参数的传递方式是引用传递，修改参数会影响实际参数。（　　）

3. 在 Python 中，对于可变对象（如列表、字典等），函数参数的传递方式是值传递。（　　）

## 三、名词解释

1. Python 函数

2. 值传递

## 四、简答题

1. 简述值传递与引用传递的区别。

2. 写出函数调用的基本语法格式。

## 五、综合应用题

1. 编写一个函数，该函数可以接受一个整数列表作为输入，并返回一个新的整数列表，其中每个元素是输入列表中对应位置的元素的平方。如果输入列表为空，则返回一个空列表。具体要求如下。

- 使用 def 关键字定义函数。
- 函数应返回一个整数列表作为结果。
- 函数应能处理任意长度的整数列表。
- 函数应使用循环处理输入列表中的每个元素。

2. 编写一个函数，该函数可以接受一个整数列表作为输入，并返回一个新的整数列表，其中每个元素是输入列表中对应位置的元素的平方根。如果输入列表为空，则返回一个空列表。具体要求如下。

- 使用 def 关键字定义函数。
- 函数应返回一个整数列表作为结果。
- 函数应能处理任意长度的整数列表。
- 函数应使用循环处理输入列表中的每个元素。

# 应用 Python 内置函数

## 一、填空题（将正确的答案填写在横线上）

1. len('Python') 的输出是__________。
2. abs(−7) 的结果是__________。
3. max( [ 3, 8, 2, 5 ] ) 返回列表中的__________。
4. chr(97) 的返回值是__________。
5. round(5.678, 2) 的结果是__________。

## 二、判断题（正确的在括号内打“√”，错误的打“×”）

1. bool('False') 返回 True。 (　　)
2. any( [ False, False, False ] ) 返回 False。 (　　)
3. divmod(9, 2) 的结果是 (4, 1)。 (　　)
4. str(123) 的输出是整数。 (　　)
5. list('Python') 返回列表 [ 'p', 'y', 't', 'h', 'o', 'n' ]。 (　　)

## 三、名词解释

序列压缩

## 四、简答题

1. 简述 reversed 函数的作用。

2. sorted 函数和 sort 方法有什么区别?

3. 简述 enumerate 函数的作用。

## 五、综合应用题

1. zip 函数可以接受两个或更多可迭代对象作为输入，并返回一个 zip 对象，其中包含从每个输入对象中提取的相应元素组成的元组。根据以下要求编写一个 Python 程序，并使用 zip 函数实现。

- 定义一个函数，该函数接受两个列表作为输入参数，并返回一个新的列表，其中包含两个列表中对应位置的元素组成的元组。
- 使用 zip 函数实现这个函数。
- 测试该函数，确保它能正确地处理不同长度的列表。
- 如果两个列表长度相同，返回的列表长度应与输入列表长度相同。
- 如果两个列表长度不同，返回的列表长度应与较短的列表长度相同。

2. 编写一个函数，该函数可以接受一个字符串作为输入，并返回一个新的字符串，其中每个字符都被反转。如果输入字符串为空，则返回一个空字符串。具体要求如下。

- 使用 def 关键字定义函数。
- 函数应返回一个字符串作为结果。
- 函数应能处理任意长度的输入字符串。
- 函数应使用 reversed 函数反转字符串中的字符。

# 任务 3 Python 常用参数的使用

## 一、填空题（将正确的答案填写在横线上）

1. 定义函数时，可以给某个参数指定一个默认值，具有默认值的参数称为缺省参数，又称为__________。

2. 调用函数时，如果没有传入缺省参数的值，则在函数内部使用定义时________参数默认值。

3. Python 的可变参数有两种，一种是__________类型，一种是字典类型。

4. 使用函数时采用的参数都是位置参数，即传入函数的实际参数必须与形式参数的数量和位置______________。

5. ______________是指使用形式参数的名称来确定输入的参数值。

## 二、判断题（正确的在括号内打“√”，错误的打“×”）

1. 位置参数在函数调用中不需要按照正确的顺序传入。（ ）

2. 在 Python 中，可变参数可以同时接收列表和字典类型。（ ）

3. 如果函数定义中使用了命名关键字参数，那么在调用函数时必须使用参数名来传递值。（ ）

4. 在函数定义中，**kwargs 用于接收不定数量的关键字参数。（ ）

5. 函数中的位置参数必须按照正确的顺序传递给函数，缺一不可。（ ）

## 三、名词解释

1. 缺省函数

2. 位置参数

## 四、简答题

1. 简述 Python 中 *args 的作用。

2. 关键字参数在函数调用中有哪些优点？

3. 什么是可变参数？在函数定义中如何使用可变参数？

## 五、综合应用题

1. 创建一个函数 calculate_area，用于计算矩形的面积。该函数接受四个参数：width（宽度）、height（高度）、perimeter（周长）和 area_previously_calculated（预先计算的面积）。其中，width 和 height 是必需的位置参数，用于计算矩形的面积；而 perimeter 和 area_previously_calculated 是可选的关键字参数，用于验证矩形的周长和面积是否正确。具体要求如下。

- 如果只传入 width 和 height，则函数应返回矩形的面积。
- 如果同时传入 width、height 和 perimeter，函数应验证给定的周长是否正确，并返回面积。
- 如果同时传入 width、height 和 area_previously_calculated，函数应验证给定的预先计算的面积是否正确，并返回面积。
- 如果传入的参数不满足上述条件，函数应抛出异常。

2. 创建一个函数 calculate_area_of_triangle，用于计算三角形的面积。该函数接受三个参数：base（底边长度）、height（高度）和 angle（角度，以“°”为单位）。其中，base 和 height 是必需的位置参数，用于计算三角形的面积；angle 是可选的关键字参数，用于验证给定的角度是否为直角。具体要求如下。

- 如果只传入 base 和 height，则函数应返回三角形的面积。
- 如果同时传入 base、height 和 angle，函数应验证给定的角度是否为直角（90°），并返回三角形的面积。如果角度不是直角，函数应抛出异常。
- 如果传入的参数不满足上述条件，函数应抛出异常。

# 任务 4 变量作用域和 global 变量的使用

## 一、填空题（将正确的答案填写在横线上）

1. 在函数内部声明全局变量使用的关键字是__________。

2. 当函数被执行时，Python 会为局部变量分配一块__________存储空间，所有在函数内部定义的变量都会存储在这块空间中。

3. 在函数内部，如果一个变量被赋值，它默认被视为__________变量。

4. 使用__________关键字可以对变量进行修饰，使其变为全局变量。

## 二、判断题（正确的在括号内打“√”，错误的打“×”）

1. 在函数内部可以直接修改全局变量的值，无须声明。（　　）

2. 函数内部声明的变量默认为全局变量。（　　）

3. 变量作用域是指变量的可访问范围。（　　）

4. 在定义全局变量时，可以直接给变量赋初值。（　　）

## 三、名词解释

1. 局部变量

2. 全局变量

## 四、简答题

1. 简述 Python 中局部作用域和全局作用域的区别。

2. 如何在函数内部修改全局变量的值?

## 五、综合应用题

1. 使用局部变量和全局变量实现学生信息的输出。具体要求如下。

- 创建一个 Python 文件，命名为“student_info.py”。
- 在主程序中定义一个全局变量 grade 并赋值为 3。
- 编写一个函数 print_student_info，用于输出学生的姓名、年龄和班级信息。其中，姓名和年龄需要在函数内部定义，班级信息使用全局变量 grade。
- 在主程序中调用 print_student_info 函数，并输出学生的信息。

2. 使用局部变量和全局变量实现一个计算器程序。具体要求如下。

- 创建一个 Python 文件，命名为“calculator.py”。
- 在主程序中定义两个全局变量 num1 和 num2，用于存储要计算的数字。
- 编写一个函数 add，用于实现加法运算，使用局部变量 result 存储计算结果。
- 编写一个函数 subtract，用于实现减法运算，使用局部变量 result 存储计算结果。
- 在主程序中调用 add 和 subtract 函数，并输出计算结果。
- 运行程序并观察输出结果。

# 任务 5　Python 高阶函数和 lambda 表达式的使用

## 一、填空题（将正确的答案填写在横线上）

1. map 函数的作用是将一个函数应用于序列的每个元素，返回一个由函数结果组成的__________。

2. filter 函数的主要功能是__________。

3. sorted 函数可以对列表进行排序，其默认排序方式是____________。

4. lambda 表达式的语法格式是____________________。

5. Python 中的 lambda 表达式也被称为________函数，它常用于表示内部仅包含一个表达式的函数。

## 二、判断题（正确的在括号内打“√”，错误的打“×”）

1. 在 Python 中，lambda 表达式可以包含多个语句。 （ ）
2. filter 函数返回的是一个列表。 （ ）
3. Python 中的 lambda 表达式不能有变量名。 （ ）

## 三、名词解释

1. 高阶函数

2. filter 函数

## 四、简答题

1. 简述 lambda 表达式的使用方法。

2. 如何使用 sorted 函数进行从大到小排序？

## 五、综合应用题

1. 高阶函数、lambda 表达式与排序的应用。具体要求如下。

- 定义一个高阶函数 apply_func，该函数接收一个函数作为参数，并应用该函数到给定的列表中。例如，如果给定一个加法函数和一个列表［1, 2, 3］，apply_func 应返回［2, 3, 4］。
- 使用 lambda 表达式定义一个函数，该函数接收三个参数并返回它们的和。
- 使用 sorted 函数和 lambda 表达式对一个包含整数的列表进行排序，首先按照绝对值从小到大排序，然后按照数值从小到大排序。
- 使用定义的 apply_func 函数，应用定义的加法函数到另一个列表中，并打印结果。

2. 高阶函数与 lambda 表达式的应用。具体要求如下。

- 定义一个高阶函数 multiply_by_factor，该函数接收一个函数和一个因子作为参数，并返回一个新的函数。这个新的函数将因子乘以任意传入的数值。
- 使用 lambda 表达式定义一个函数，该函数接收两个参数并返回它们的乘积。
- 使用 map 和 filter 高阶函数，将上述定义的乘法函数应用到列表中的所有偶数元素上，并将结果转换为列表。
- 使用定义的 multiply_by_factor 高阶函数，将上述生成的列表中的每个元素乘以 2。
- 将最终的列表打印出来。

# 任务 6　Python 函数修饰器的使用

## 一、填空题（将正确的答案填写在横线上）

1. 修饰器的主要作用之一是____________或增强函数的功能。

2. 在 Python 中，函数修饰器使用________符号来定义，并应用于一个函数。它允许为已经存在的函数添加额外的功能。

3. 在 Python 中，内置的修饰器包括____________、classmethod 和 property 等。

4. 在 Python 中，一个函数可以使用多个修饰器，结果与修饰器的____________和位置有关。

## 二、判断题（正确的在括号内打“√”，错误的打“×”）

1. 修饰器可以应用于一个函数，它返回一个新的函数对象，该对象包含了被修饰函数的原有功能以及修饰器提供的额外功能。（　　）

2. 使用修饰器可以插入日志、进行性能测试或事务处理等，但不会改变原有函数的功能。（　　）

## 三、名词解释

1. 修饰器

2. 递归

## 四、简答题

1. 简述 Python 中函数修饰器的使用方式。

2. 简述 Python 中常用内置修饰器的作用。

## 五、综合应用题

1. 使用修饰器输出 1 至 n 之间的所有整数的和及所需的时间。

2. 假设有一个名为 logit 的日志修饰器，它能记录函数的执行日志。使用该修饰器对一个简单的加法函数进行修改，使其在执行时能输出日志信息。具体要求如下。

- 当开始执行加法函数时，打印“开始执行加法函数”。
- 输出执行结果。
- 当执行结束时，打印“完成执行加法函数”。

# 项目七

# Python 面向对象

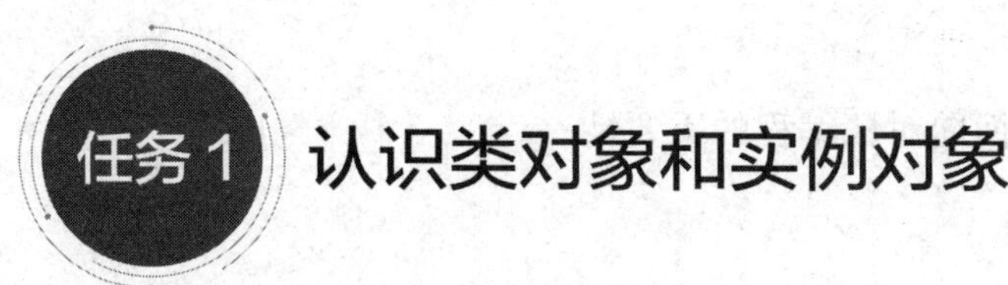

## 任务1 认识类对象和实例对象

### 一、填空题（将正确的答案填写在横线上）

1. 在 Python 中，类对象由关键字________声明。
2. ________是用于创建实例对象的特殊方法。
3. ________是指向当前实例对象的引用，可以在类的方法中使用。
4. 类中的________方法用于初始化对象的属性。
5. 使用________关键字可以访问类的属性或调用类的方法。

### 二、判断题（正确的在括号内打“√”，错误的打“×”）

1. 类对象可以直接访问实例对象的属性。（　　）
2. 实例对象可以访问类对象的方法。（　　）
3. 在 Python 中，类对象和实例对象都可以拥有属性和方法。（　　）

### 三、名词解释

类对象

## 四、简答题

1. 简述继承在面向对象编程中的作用。

2. 说明封装对面向对象编程的重要性。

## 五、综合应用题

1. 创建一个名为 Person 的类，要求具有以下属性和方法。

- 属性：name（字符串类型）、age（整数类型）。
- 方法：greet，该方法打印出形如 “Hello, my name is [name], and I am [age] years old.” 的问候语。

2. 创建一个名为 Rectangle 的类，要求具有以下属性和方法。

- 属性：length（浮点数类型）、width（浮点数类型）。
- 方法：area，该方法返回矩形的面积。

使用 Rectangle 类创建实例对象，并实现输出边长为 5 cm × 3 cm 的矩形面积。

## 任务 2　认 识 属 性

### 一、填空题（将正确的答案填写在横线上）

1. 实例属性是每个实例对象独有的，存储在____________中。
2. 类属性是被该类的所有实例共享的属性，存储在____________中。
3. 私有属性在类外部不可以直接访问，其命名通常以________________开头。
4. 类属性可以通过类名和____________两种方式访问。
5. 实例属性可以通过类的构造函数____________进行初始化。

### 二、判断题（正确的在括号内打“√”，错误的打“×”）

1. 类属性是每个实例对象独有的。（　　）
2. 实例属性存储在类中，被所有实例对象共享。（　　）
3. 公有属性的值只能在类内部进行修改。（　　）
4. 如果在类中定义了一个带有 @property 修饰器的方法，这个方法就是一个只读属性的 getter 方法。（　　）
5. 公有属性可以在类外部直接修改。（　　）

## 三、名词解释

1. 属性

2. 私有属性

## 四、简答题

1. 简述实例属性和类属性的主要区别。

2. 什么是封装？私有属性如何实现封装？

3. 简述 @property 修饰器的作用。

## 五、综合应用题

1. 编写一个 Python 类 Car，具有以下属性：brand（品牌，公有属性）、_model（型号，受保护的属性）、__mileage（里程，私有属性）。为类添加一个方法 get_info，用于返回车辆的品牌、型号和里程信息。创建两个 Car 类的实例，并调用 get_info 方法输出车辆信息。

2. 编写一个 Python 类 Person，具有以下属性：name（姓名，公有属性）、_age（年龄，受保护的属性）。为类添加一个方法 birthday，用于增加年龄，并输出生日快乐的信息。创建一个 Person 类的实例，调用 birthday 方法两次，并输出实例的最终年龄。

# 任务 3 认识方法

## 一、填空题（将正确的答案填写在横线上）

1. 在 Python 中，通过使用关键字________来定义一个方法。
2. 一个方法的第一个参数通常被命名为________，它表示方法的调用者。
3. 静态方法使用修饰器________________来声明。
4. 类方法使用修饰器________________来声明。
5. del 方法用于在对象被销毁前执行清理操作，通常被称为____________方法。

## 二、判断题（正确的在括号内打"√"，错误的打"×"）

1. 静态方法和实例方法都可以通过类名或对象实例调用。（　　）
2. 私有方法可以通过对象实例访问，但不能通过类名调用。（　　）
3. __new__ 方法的主要作用是初始化对象的属性。（　　）
4. 静态方法无法访问类的属性和实例的属性。（　　）
5. __del__ 方法的调用是由解释器自动触发的，不需要手动调用。（　　）

## 三、名词解释

1. 方法的重载

2. 实例方法

## 四、简答题

1. 简述实例方法、类方法和静态方法的区别。

2. 简述 self 参数的作用。

3. 为什么在 Python 类中需要使用 __init__ 方法？

## 五、综合应用题

1. 创建一个名为 Book 的类，具有以下特性。

- 构造方法：__init__(self, title, author)，用于初始化书籍的标题和作者。
- 实例方法：display_info(self)，用于在控制台输出书籍的信息（标题和作者）。

2. 创建一个名为 Calculator 的类，具有以下特性。
- 静态方法：add_numbers(a, b)，用于返回两个数字的和。
- 静态方法：multiply_numbers(a, b)，用于返回两个数字的积。

# 任务 4 认识继承

## 一、填空题（将正确的答案填写在横线上）

1. 如果一个类继承自多个类，这种继承方式称为________继承。
2. 在子类中，如果定义了与父类相同的方法名称，称为方法的________。
3. 在 Python 中，所有类最终都继承自__________类。
4. 如果子类定义了与父类相同名称的方法，则子类的方法将________父类的方法。
5. 在继承中，派生类通常称为__________，基类通常称为__________。

## 二、判断题（正确的在括号内打“√”，错误的打“×”）

1. 子类可以继承父类的属性和方法。（　　）
2. 多重继承可以让一个类同时继承多个不相关的类。（　　）

3. 子类无法覆盖父类的方法。（　　）

4. 子类可以重写父类的私有方法。（　　）

## 三、名词解释

继承

## 四、简答题

1. 简述单继承和多继承的优缺点。

2. 简述方法重载和方法重写的区别。

3. 父类和子类之间的关系是什么？

## 五、综合应用题

1. 创建一个基类 Person，具有属性 name 和方法 introduce，然后创建两个派生类 Student 和 Teacher，分别表示学生和老师，实现它们的 introduce 方法，分别输出“我是学生”和“我是老师”。

2. 创建一个基类 Animal，具有属性 name 和方法 make_sound，然后创建两个派生类 Dog 和 Cat，分别表示狗和猫，实现它们的 make_sound 方法，分别输出“汪汪汪”和“喵喵喵”。

# 任务 5 认识可迭代对象——迭代器和生成器

## 一、填空题（将正确的答案填写在横线上）

1. StopIteration 异常用于表示迭代的________。
2. Python 中的列表、元组、集合和字典都是________对象。
3. 可迭代对象可以使用________语句进行遍历。
4. 在生成器中，可以使用 yield 语句________生成器的执行，保存当前的状态。
5. 在迭代过程中，可以使用________语句提前退出循环。

## 二、判断题（正确的在括号内打“√”，错误的打“×”）

1. 可迭代对象一定是有序的。（ ）
2. 字符串是一个可迭代对象。（ ）
3. 使用 for item in my_iterable 语句时，实际上是在调用可迭代对象的 __next__ 方法。（ ）

## 三、名词解释

1. 可迭代对象

2. 迭代器

## 四、简答题

1. 简述使用迭代器相比于使用索引访问元素的优点，并举例说明一个应用场景。

2. 简述迭代器和可迭代对象的区别。

3. iter 和 next 函数在处理可迭代对象和迭代器时各有什么作用?

## 五、综合应用题

1. 编写一个生成器函数，生成斐波那契数列的前 n 个元素（n 为参数），并使用该生成器函数输出前 10 个斐波那契数。

提示：斐波那契数列的定义是前两个数的和等于下一个数，始于 0 和 1。

2. 编写一个生成器函数，生成指定范围内的素数。

提示：使用嵌套的生成器函数，如判断素数的函数。

# 项目八

# Python 模块和包

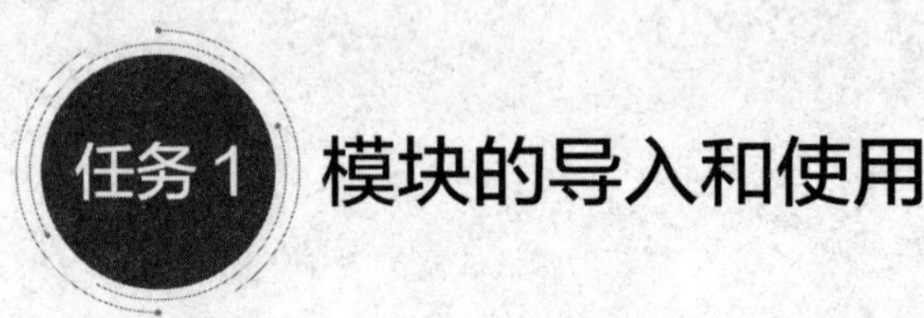

## 任务1 模块的导入和使用

### 一、填空题（将正确的答案填写在横线上）

1. 在 Python 中，使用__________关键字可以导入一个模块。
2. Python 内置的模块__________提供了对日期和时间的处理功能。
3. 要查看模块的文档，可以使用________函数。
4. 要导入模块中的所有内容，可以使用 from module import ________的语法。

### 二、判断题（正确的在括号内打“√”，错误的打“×”）

1. 使用 import module_name 语句导入模块后，模块中的所有函数和变量都可以直接使用。（　　）
2. import module_name 和 from module_name import * 这两种导入方式是等效的，没有区别。（　　）
3. 在一个 Python 脚本中，可以同时导入多个模块。（　　）
4. 使用 import module_name 语句导入模块时，必须使用模块名访问模块中的函数和变量。（　　）
5. as 关键字用于给导入的模块或函数取别名，方便在代码中使用更短的名称。（　　）

## 三、名词解释

1. 模块

2. 命名空间

## 四、简答题

1. 简述模块设计的一般原则。

2. Python 中导入模块的方式有哪些?

3. 简述创建模块的步骤。

## 五、综合应用题

1. 编写一个模块，其中包含一个计算斐波那契数列的函数，并在另一个脚本中导入该模块并使用该函数。

2. 编写一个模块，提供一个函数用于计算两个数的平方和，并在另一个脚本中导入该模块并调用该函数。

# 任务 2　包的导入和使用

## 一、填空题（将正确的答案填写在横线上）

1. 在 Python 中可以使用__________关键字导入包。
2. 包和模块组成的层次组织结构对应于________和__________。
3. 导入包中模块特定函数的语句是 from ________.________import ________。

## 二、判断题（正确的在括号内打"√"，错误的打"×"）

1. 使用 import package_name 语句导入包后，包中的所有模块和函数都可以直接使用。（　　）
2. 在一个 Python 包的目录中，必须包含一个名为"__init__.py"的文件。（　　）
3. 在一个 Python 脚本中，可以同时导入多个包。（　　）
4. 使用 from package_name import module_name 语句导入包中的模块后，可以直接使用 module_name 调用该模块中的函数。（　　）
5. 如果两个不同的包中有相同名称的模块，导入其中一个包会覆盖另一个包的同名模块。（　　）

## 三、名词解释

包

## 四、简答题

1. 简述包与模块的区别。

2. 简述“__init__.py”文件的作用。

## 五、综合应用题

1. 创建一个名为 shapes 的包，其中包含一个模块 circle。在 circle 模块中定义一个计算圆面积的函数 calculate_area(radius)。创建一个主程序，在其中导入 shapes.circle 模块，并使用 calculate_area 函数计算半径为 5 的圆的面积。

2. 创建一个名为 utils 的包，其中包含一个模块 math_operations。在 math_operations 模块中定义一个计算两个数字之和的函数 add(x, y) 和一个计算两个数字之差的函数 subtract(x, y)。创建一个主程序，在其中导入 utils.math_operations 模块，并使用其中的函数计算任意两个数字的和与差。

# 项目九 Python 文件操作

## 认识文件

### 一、填空题（将正确的答案填写在横线上）

1. 文件的两种路径分别是__________和__________。
2. 使用__________函数可以拼接路径。
3. 使用__________函数可以删除指定文件。
4. 使用__________函数可以重命名指定的文件。

### 二、判断题（正确的在括号内打“√”，错误的打“×”）

1. 相对路径是相对于文件系统的根目录而言的。（　　）
2. 在使用相对路径时，“.”表示当前目录，“..”表示上一级目录。（　　）
3. “相对路径 + 文件路径”必须为文件的绝对路径。（　　）
4. 通过 shutil.move 函数可以移动指定的文件到新的位置。（　　）
5. 文件对象的 read 方法能一次性读取文件的全部内容。（　　）

### 三、名词解释

1. 绝对路径

2. 相对路径

## 四、简答题

1. 简述 Python 中的路径分隔符在不同操作系统中的差异。

2. Python 中对文件的常见操作包括哪些？

3. 简述文件的应用级操作的步骤。

## 五、综合应用题

1. 编写一个程序，读取一个文本文件，并统计该文件中每个字母出现的次数（不区分大小写）。

2. 编写一个程序，统计一个文本文件中的行数。

# 任务 2　使用文件操作函数完成文本的读写

## 一、填空题（将正确的答案填写在横线上）

1. 文件操作中，使用________函数可以打开文件。
2. 使用________函数可以逐个字节或字符读取文件中的内容。
3. 要写入文件，可以使用________函数。
4. 使用________函数可以关闭打开的文件。
5. 通过________模式打开文件，如果文件不存在会创建新文件。
6. 用于从文件中读取整个内容的函数是________。

## 二、判断题（正确的在括号内打“√”，错误的打“×”）

1. 使用 open 函数打开文件时，如果不指定文件模式，默认为读取模式。（　　）
2. read 方法用于读取文件的所有行，包括换行符。（　　）
3. 文件操作完成后，使用 close 方法关闭文件是必要的，否则可能导致数据丢失。（　　）
4. 文件操作中，使用 a 模式打开文件会清空文件内容。（　　）

## 三、名词解释

1. 文件指针

2. 读取模式

## 四、简答题

1. 简述 readlines 函数和 writelines 函数在文件操作中的作用。

2. 简述读取文件和写入文件的区别。

## 五、综合应用题

1. 编写一个 Python 程序，实现以下功能。

- 创建一个名为“user_data.txt”的文件。
- 提示用户输入姓名和年龄，并将这些信息写入文件。
- 关闭文件。
- 重新打开文件，读取文件内容，将姓名和年龄打印到控制台。

2. 编写一个 Python 程序，实现以下功能。

- 打开一个名为“numbers.txt”的文件，如果文件不存在则创建新文件。
- 生成 10 个随机整数（范围 1 ~ 100），将这些整数写入文件。
- 关闭文件。
- 重新打开文件，读取文件内容并计算这些整数的平均值，将平均值打印到控制台。

# 任务 3 Python 不同文件模块的使用

## 一、填空题（将正确的答案填写在横线上）

1. 使用 pickle 模块，将 Python 对象保存到文件的方法是使用________函数。

2. fileinput 模块中的 input 函数返回的是一个可以迭代的对象，可以通过调用________方法获取当前行的内容。

3. linecache 模块提供了 getline 函数，用于获取文件中指定行的内容，其参数包括文件名和________。

4. 在 os.path 模块中，获取文件的绝对路径可以使用________函数。

5. 要在文件末尾追加新内容，可以使用文件对象的 write 函数，并结合文件打开模式________。

## 二、判断题（正确的在括号内打“√”，错误的打“×”）

1. pickle 模块用于序列化和反序列化 Python 对象。（ ）

2. fileinput 模块既可以处理文本文件，又可以处理二进制文件。（ ）

3. linecache 模块可以从任何文件的行缓存中获取内容，不局限于当前文件。（ ）

4. os.path 模块中的 exists 函数用于判断文件或目录是否存在。（ ）

5. 在 pickle 模块中，使用 dump 函数保存对象时，可以选择以文本或二进制形式写入文件。（ ）

## 三、名词解释

文件对象

## 四、简答题

1. 简述 os.path 模块中 walk 函数的作用及其语法格式的含义。

2. 简述 os.path 模块中 dirname 和 basename 函数的区别。

## 五、综合应用题

1. 创建一个文本文件，包含至少 5 行内容；使用 fileinput 模块读取该文件的内容，输出每一行的行号和内容。

2. 使用 linecache 模块读取一个大文件中的第 10 行内容，不加载整个文件。

# 任务 4 基于文件操作的异常处理

## 一、填空题（将正确的答案填写在横线上）

1. 在 Python 中，异常处理的语句块通常使用______和______关键字。
2. 使用______语句块可以确保在任何情况下都会执行，无论是否发生异常。
3. 异常对象的信息可以通过______关键字指定的变量来获取。
4. 在使用 os.remove(filename) 删除文件时，如果文件不存在，会引发__________________异常。
5. 在异常处理中，except 语句可以指定多个异常类型，以______分隔。

## 二、判断题（正确的在括号内打"√"，错误的打"×"）

1. 使用 try 和 except 语句可以捕获文件读取时的 PermissionError 异常。（　　）
2. try 语句块中的 finally 子句用于捕获文件操作中的异常。（　　）
3. 在执行 try 中的程序时出现异常，会捕获异常，但不会输出异常信息。（　　）

## 三、名词解释

1. 异常传递

2. 异常处理

## 四、简答题

1. 简述 try 和 except 语句在文件操作中的作用。

2. 简述异常的概念。

3. “except Exception as e:” 中的 Exception 是什么含义？

## 五、综合应用题

1. 编写一个 Python 程序，要求实现以下功能。
- 从用户输入中获取文件名。
- 尝试打开文件，如果文件不存在，则捕获 FileNotFoundError 并输出提示信息。
- 如果文件成功打开，从文件中读取内容并输出。
- 无论是否成功打开文件，都要确保文件操作完成后正确关闭文件。

2. 编写两个函数，其中一个函数包含一个除零错误（ZeroDivisionError），另一个函数调用第一个函数。在主程序中捕获这两个函数可能引发的异常，并输出相应的错误信息。

# 项目十
# 综合性任务实践

## 综合应用题

1. 设计一个仓库管理服务机器人系统，具体如下。

（1）设计一个交互式菜单界面，提供以下选项。用户可根据序号选择相应的功能。

1）入库：接收用户输入的物品名称、数量，返回入库结果。

2）出库：接收用户输入的物品名称、数量，返回出库结果。

3）查询所有物品：查询仓库所有物品，返回物品名称、数量并逐行显示。

4）查询单种物品：接收用户输入的物品名称，返回指定物品的名称及数量。

5）退出系统。

（2）需要编写函数来实现菜单中的每个功能选项。功能包括入库、出库、查询所有物品、查询单种物品、退出系统。

（3）用户在使用完一个功能后可继续选择使用其他功能，或退出系统。

（4）需要合理使用变量、字符串、运算符、序列、流程控制、函数、面向对象等知识点来完成任务。

（5）在编写程序的过程中需要思考用户在使用系统时的各种情况以及对用户输入的数据进行验证等处理，以提高系统的鲁棒性。

2. 设计一个医院药品库存管理及药品配送服务机器人系统，具体如下。

（1）设计一个交互式菜单界面，提供以下选项。用户可根据序号选择相应的功能。

1）入库：接收用户输入的药品名称、药品数量、药品所属药架编号以及自动生成每个药品单位的编号（编号为“药品架号 - 数字”，其中数字递增且与仓库内现有药品编号中的数字不重复），返回入库结果。

2）配送：接收需要配送的药品名称以及配送目标病房号（格式：楼层 + 房号，样例：301 表示 3 层 01 号房），返回配送结果。

3）查询：接收药品名称，返回包含药品名称、药品数量、药品架号的查询结果。

4）出库：接收需要出库的药品名称及数量，返回出库结果。

5）退出系统。

（2）需要编写函数来实现菜单中的每个功能选项。功能包括入库、配送、查询、出库、退出系统。

（3）用户在使用完一个功能后可继续选择使用其他功能，或退出系统。

（4）需要合理使用变量、字符串、运算符、序列、流程控制、函数、面向对象等知识点来完成任务。

（5）在编写程序的过程中需要思考用户在使用系统时的各种情况以及对用户输入的数据进行验证等处理，以提高系统的鲁棒性。

3. 设计一个学生成绩管理服务机器人系统，具体如下。

（1）设计一个交互式菜单界面，提供以下选项。用户可根据序号选择相应的功能。

1）增加学生信息

- 按班级添加：指定班级，接收用户输入的学号、姓名、语文成绩、数学成绩、英语成绩，返回添加结果。
- 按学号添加：接收用户输入的学号、姓名、班级、语文成绩、数学成绩、英语成绩，返回添加结果。

2）删除学生信息：接收用户输入的学号，返回学号查询结果，提供是否确认删除的选项。执行删除后返回删除结果。

3）修改学生信息：接收用户输入的学号和需要修改学生信息的内容项。

4）查询学生信息（返回学生的学号、姓名、班级、语文成绩、数学成绩、英语成绩、总成绩、班排名、年级排名）。

- 按班级查询：接收用户输入的班级，返回指定班级的学生信息。
- 按学号查询：接收用户输入的学号，返回指定学号的学生信息。
- 按姓名查询：接收用户输入的姓名，返回指定姓名的学生信息。

5）退出系统（将数据覆写保存至本地文件）。

（2）运行系统，系统将会自动读取文件“学生成绩清单”中的所有内容。

（3）需要编写函数来实现菜单中的每个功能选项。功能包括增加学生信息、删除学生信息、修改学生信息、查询学生信息、退出系统。

（4）用户在使用完一个功能后可继续选择使用其他功能，或退出系统。

（5）需要合理使用变量、字符串、运算符、序列、流程控制、函数、面向对象、模块、文件操作等知识点来完成任务。

（6）在编写程序的过程中需要思考用户在使用系统时的各种情况以及对用户输入的数据进行验证等处理，以提高系统的鲁棒性。

4. 设计一个学生课程选修管理服务机器人系统，具体如下。

（1）设计一个交互式菜单界面，提供以下选项。用户可根据序号选择相应的功能。

1）添加课程：接收用户输入的课程名称、课程编号，返回添加结果。

2）删除课程：接收用户输入的课程编号，返回删除结果。

3）查询所有课程：查询所有课程，返回课程名称、课程编号并逐行显示。

4）查询单门课程：接收用户输入的课程编号，返回指定课程的名称及编号。

5）退出系统。

（2）需要编写函数来实现菜单中的每个功能选项。功能包括添加课程、删除课程、查询所有课程、查询单门课程、退出系统。

（3）用户在使用完一个功能后可继续选择使用其他功能或退出系统。

（4）需要合理使用变量、字符串、运算符、序列、流程控制、函数、面向对象等知识点来完成任务。

（5）在编写程序的过程中需要思考用户在使用系统时的各种情况以及对用户输入的数据进行验证等处理，以提高系统的鲁棒性。